SOCIÉTÉ DE MÉDECINE ET DE CHIRURGIE DE BORDEAUX

Séance du 10 avril 1874

RÉFUTATION

DU MÉMOIRE DE M. DULUC

SUR LA RAGE

PAR M. DUPONT

médecin-vétérinaire

MESSIEURS,

Le 27 juin dernier, M. Duluc, médecin-vétérinaire à Bordeaux, était admis à vous donner lecture d'un mémoire sur la Rage, qui a reçu les honneurs de l'impression dans votre *Bulletin* (2e fascicule, 1873, p. 307). Ce travail présente un tel caractère d'originalité, au point de vue des inductions scientifiques, qu'un silence plus prolongé de notre Société aurait pu être considéré comme une adhésion tacite aux opinions de son auteur; ce qui n'est pas exact. Il serait plus juste de dire, après avoir entendu les orateurs qui ont déjà pris la parole sur l'œuvre de M. Duluc, qu'aucun de nous ne partage son avis, et que personne n'est disposé à soutenir ses conclusions. Il faut faire cependant une exception. L'honorable M. Levieux adhère au sentiment exprimé par M. Duluc sur l'étiologie de la rage spontanée. Cette adhésion est toute platonique, il est vrai; car notre savant hygiéniste n'a ajouté aucun élément nouveau aux faits relatés dans le travail en discussion. Nos trois collègues qui ont pris la parole se sont élevés surtout contre cette partie de la doctrine de M. Duluc, qui refuse la faculté d'inoculation de la rage à l'homme par la morsure du chien enragé. Ils ont prouvé, par leur argumentation sérieuse, l'erreur de cette formule hardie. Ils ont rappelé toutes les observations, tous les documents d'une véracité incontestable, appartenant à l'histoire de la rage, qui infirment les inductions de M. Duluc. A son opinion étrange, unique, ils ont opposé le *consensus* universel de tous les observateurs, qui ont constaté l'inoculation de la rage à l'homme par la morsure du chien enragé. Au rôle grossi de la peur, à l'exagération de l'influence morale, qui ont permis à M. Duluc de hasarder quelques interprétations extra-scientifiques, ils ont opposé, avec une grande force, le rôle matériel du virus et les tableaux effrayants de la rage inoculée à l'homme; tableaux qu'on n'oublie jamais quand on les a vus une fois.

§ Ier.

MM. Levieux, Demons et Armaingaud ont gagné leur cause devant vous, mais ils n'ont pu ébranler les convictions de M. Duluc. Il est vrai, M. Duluc l'a dit, il y a vingt-cinq ans qu'il vit avec ce doute dans l'esprit; qu'il recueille tous les ans des preuves de cette non-contagion. Il en possède un grand nombre qu'il n'est au pouvoir de personne de contester. Chaque jour il en voit augmenter la quantité. Comme cette noble victime de la superstition religieuse qui avait affirmé le mouvement de la terre..., il est inébranlable; car des faits nouveaux, irréfutables viennent sans cesse corroborer sa foi.

Pour avoir raison de cette ténacité convaincue, nos collègues auraient pu tenter un effort de plus; et, se souvenant que dans l'histoire des progrès de la médecine, ce ne serait pas la première fois que la vérité d'hier peut devenir mensonge demain, ils auraient pu, creusant plus profondément le sujet, démontrer la variabilité des faits pathologiques et atténuer leur méthode de discussion par égard pour la mobilité des théories. Combien de fois, depuis que les procédés de l'observation ont été perfectionnés, avons-nous vu des faits se transformer et passer du domaine des choses niées et contestées dans celui des vérités, désormais incontestables? L'histoire nous l'enseigne; ainsi procède la science, par conquêtes inespérées et inattendues!

Mais nos savants collègues n'ont pas voulu se souvenir. Ils ont trouvé la proposition principale de M. Duluc si exorbitante, qu'ils l'ont condamnée d'emblée et pour toujours. Ils ont suffisamment discuté pour pouvoir exécuter l'œuvre; pas assez pour prononcer l'arrêt, sans tenir un compte suffisant des circonstances atténuantes. Permettez-moi de le regretter et de chercher à combler cette lacune.

Les nombreuses observations de M. Duluc, constatant la non-inoculation du virus rabique à l'homme, par les morsures du chien enragé, méritaient d'*être pesées* et plus sérieusement approfondies; car, ou son opinion est sans excuse et les observations sur lesquelles elle est fondée sont inexactes et recueillies sans conscience; ou bien son opinion est logique, et les observations sur lesquelles elle repose présentent tous les caractères d'une authenticité incontestable. Il n'est pas possible d'échapper à ce dilemme, à moins de vouloir condamner, sans informations préalables, le courageux observateur qui, pendant sa longue carrière médicale, n'a pu se soustraire au doute scientifique, sur une question qui intéresse au plus haut point l'humanité; et, qui vous a fait l'aveu de son opinion — ne l'oubliez pas, je vous en prie — sachant bien le sort que vous lui réserviez et de quels arguments vous alliez la frapper.

Pour moi, Messieurs, quelque étonnantes que me paraissent les conclusions du mémoire de M. Duluc, quelque éloigné que je sois de ses convictions, je ne puis me résoudre à les condamner sans analyser, jusque dans les plus petits détails, les faits qui lui ont donné naissance; et, ne pouvant contester leur véracité, sans leur chercher une autre interprétation que la sienne, que celle de nos collègues. Je désire montrer ainsi en quelle estime je tiens les travaux de mon distingué confrère et à justifier l'honneur que lui fait en ce moment notre Société.

J'espère vous donner la preuve, dans le courant de ma lecture, que le doute en matière de rage communiquée à l'homme par les morsures du chien enragé peut être permis; qu'il peut être, aussi, rigoureusement logique dans l'état actuel de la science. Et si ce doute ne doit pas conduire fatalement à la formule de M. Duluc; si, ayant moi-même des raisons puissantes et un plus grand nombre d'observations que lui, pour le partager et l'appuyer devant vous, j'ai pu éviter cet écueil, c'est parce que la solution logique de ce conflit d'opinions m'a montré, plus qu'à M. Duluc lui-même, que nous ne connaissons que très imparfaitement la rage et qu'il y a nécessité pour tout le monde de l'étudier à nouveau.

§ II.

Le mémoire de notre confrère est principalement intéressant par les observations. Elles portent, en général, le cachet de la probité et de la vérité. Les dates, les noms, les descriptions, les lieux et les détails circonstanciés y abondent. Il faut y ajouter foi, à moins d'exiger le timbre de la mairie.

Elles sont nombreuses et peuvent être divisées en deux catégories tranchées. Les premières sont consacrées à démontrer que la rage spontanée est le résultat de la non-satisfaction des appétits vénériens, ou des fatigues exagérées que cette satisfaction détermine. Les secondes tendent à prouver que la rage n'est pas transmissible à l'homme par les morsures du chien enragé.

En dehors de ces deux groupes d'observations, on peut en signaler d'autres, venant à l'appui des idées générales de M. Duluc sur la rage, comme entité pathologique.

Je me bornerai à discuter les deux premiers groupes de faits dans l'ordre observé par M. Duluc. J'établirai nettement les dissidences qui nous séparent. Je dirai comment, ayant observé des faits absolument identiques, en plus grand nombre que lui, je suis arrivé à des conclusions diamétralement opposées.

Je répondrai ensuite aux questions personnelles que m'adresse mon honorable confrère dans le courant de son mémoire. Je finirai par quelques explications sur un point d'anatomie pathologique de la rage, contesté par M. Bouley, de Paris, notamment.

§ III.

Observations. — *Première catégorie.*

Les premières observations rapportées par M. Duluc tendent à prouver que la rage spontanée chez le chien est le résultat des fatigues de l'amour, que l'acte matériel soit satisfait ou non. Il cite six observations. Les trois premières paraissent établir que la rage spontanée aurait été la conséquence d'excès de lubricité satisfaite. Car les trois chiens de MM. Blanchet, Burnateau et de Luzan n'avaient jamais été mordus et ces trois animaux avaient sailli des femelles en rut: l'un pendant trois jours consécutifs; deux, pendant un temps indéterminé. Quant aux chiens désignés dans les trois observations suivantes, on peut admettre qu'ils avaient été mordus antérieurement. Celles-ci ont peu de valeur au point de vue étiologique de la rage spontanée.

Dans ce premier groupe d'observations, je trouve un septième fait relatif à un jeune chien de trois mois et demi, qui manifeste des tendances à mordre et qui, malgré son jeune âge, poursuit ardemment sa mère de ses désirs incestueux. M. Duluc, ne pouvant appliquer ce fait à l'étiologie de la rage spontanée, lui donne une autre signification. Il admet l'existence d'une relation directe avec le virus rabique et l'ardeur génésique; la rage, selon lui, provoquant à la passion de l'amour.

Il faut lire et relire attentivement ces observations pour regretter que M. Duluc se soit hâté de conclure, et qu'il ait perdu de vue, quelquefois, le but qu'il semblait poursuivre. En effet, il n'y a que trois observations pour prouver que la rage spontanée se développe sous l'influence de l'excitation érotique exagérée; de l'abus ou de la privation provoquée de l'acte vénérien. Vous trouverez comme moi, sans doute, qu'une conviction profonde ne devrait pas se produire dans de pareilles conditions; que, pour être adoptée par un corps savant comme le vôtre, il lui faudrait des bases moins fragiles. Quel que soit l'appui que lui prête l'autorité de l'honorable M. Levieux, la genèse de la spontanéité de la rage ne saurait être résolue ainsi. Elle embrasse trop de problèmes pour que les assertions des partisans de cette idée soient appréciées sans autres colonnes d'appui, à l'égal d'un fait certain, démontré. La vérité, Messieurs, c'est qu'une grande incertitude règne et règnera longtemps sur la cause *déterminante, infaillible* de la rage spontanée.

Personne, que je sache, n'a jamais contesté l'influence des surexcitations génésiques, ou des fatigues de la copulation, dans la production de la rage. Mais personne n'a jamais affirmé avec autant d'assurance que M. Duluc et M. Levieux, que c'est là une cause unique et infaillible de la rage. Un grand nombre d'observateurs convaincus ont publié des faits de rage spontanée sous l'influence probable de cette cause; aucun n'a dit, comme eux, qu'elle fût *infaillible,* qu'elle fût *unique.*

J'ai cru, jusqu'à ce jour, que l'école nouvelle, qui se préoccupe tant de rage, la considérait comme l'*une* des principales de la spontanéité. MM. Levieux et Duluc sont exclusifs. En dehors d'elle, il n'y a plus de rage spontanée. Pour ramener le monde savant à leurs convictions, il reste à nos distingués collègues la tâche difficile de prouver que leur étiologie *unique* peut être appliquée à cette affection du chien et qu'aucune autre cause ne peut la produire. C'est entre ces deux termes que le débat doit être maintenu. La science tiendra compte des trois faits de M. Duluc, de ceux de MM. Constantin, Simon, Fitte et Camille Leblanc. Je doute que cela soit suffisant. On pourrait admettre, sans que cela présentât les mêmes conséquences, que la spontanéité de la rage est plus fréquente qu'on ne l'avait admis sur la foi des anciennes statistiques. Cette concession, la seule possible, pourrait être consentie... à la condition de témoignages plus irrécusables que les documents recueillis dans les infirmeries, dans les hôpitaux de chiens, où la vérité court toujours quelques périls. Sous ce rapport et avec ces restrictions, on peut apprécier encore les observations transmises récemment par l'honorable M. C. Leblanc, à l'Académie de Médecine de Paris. Elles présentent un véritable intérêt; ce judicieux observateur ne croit pas à la spontanéité de la rage dans la femelle du chien. Il partage l'avis de Toffoli, qu'on peut produire la rage en excitant, sans les satisfaire, les désirs vénériens.

L'occasion me paraît opportune pour objecter aux partisans de cette théorie, appuyée sur les procédés de Toffoli, que ce n'est pas ainsi que la nature procède dans l'évolution fortuite de cette affection. On ferait certainement fausse route en généralisant l'application des conclusions auxquelles conduisent les expériences de ce savant. L'école physiologiste moderne abuse trop de la contrainte dans ses ingénieuses investigations scientifiques. Elle imprime ainsi, sur chacune des conquêtes qu'elle croit faire, une tache originelle qui les condamne.

Dans la question d'étiologie de la rage, si nous voulons examiner ce qui se passe dans les différentes conditions où le chien joue son rôle, nous voyons qu'à l'état libre il lutte pour la vie et pour la satisfaction de ses passions. Vaincu dans ses luttes pour la passion, la liberté lui reste et il peut garder l'espérance d'être heureux à son tour; c'est pour cela, peut-être, qu'il ne devient pas enragé. Vainqueur, il jouit de son triomphe jusqu'à l'abus, jusqu'à l'extrême limite de ses forces. Il ne devient pas enragé davantage; car c'est dans des conditions d'*être libre* que l'on a constaté que le chien était moins sujet à la rage. Si j'ai bonne mémoire, cet argument a été invoqué par l'honorable M. Levieux, en faveur de la cause qu'il défend aujourd'hui, à laquelle il demeure fidèle. Je me souviens aussi que des observateurs estimés ont signalé, comme une exception, la manifestation de la rage dans les pays où l'espèce canine jouit de toute sa liberté. On a désigné la Turquie, les colonies espagnoles et l'Afrique, comme des pays où la rage est presque inconnue. Je fis bonne justice, dans le temps, de ces arguments. On pourrait, néanmoins, les admettre. Mais qu'on nous dise alors pourquoi, dans ces contrées privilégiées, l'incontinence à Vénus est si inoffensive? Pourquoi l'animal qui succombe dans ses luttes pour la passion ne devient pas hydrophobe plus fréquemment? Qui modifie à ce point le résultat des conditions identiques; que ce qui est vérité scientifique en France soit mensonge et erreur en Turquie?

Si nous voulons examiner le chien dans l'état que lui a fait la civilisation dans notre Société, nous le voyons subordonné entièrement à la sollicitude et à la volonté de l'homme. Il ne lutte ni pour la vie ni pour la passion. Accidentellement, dans nos villes surtout, on le trouve *don Juan de Hasard*, courant les ruelles, livrant des combats, blessé, exténué, oublieux dans sa chasse à l'amour du logis hospitalier de son maître. Il devient enragé, cela est vrai; mais ces faits de rage, rares encore, il faut en convenir, ne peuvent pas être invoqués à l'appui de la doctrine étiologique que nous combattons. Il n'y a plus ici de rage spontanée scientifiquement démontrée.

Enfin, si nous observons encore ce que devient le chien dans les conditions que lui crée son aptitude aux divers services que lui impose l'homme, nous nous éloignons davantage de nos contradicteurs. Il a fallu, pour donner un semblant de raison et quelque vitalité à cette étiologie unique, placer le chien dans des conditions exceptionnelles, que le génie malfaisant de l'homme pouvait seul créer. Jugez-en.

Les disciples de Toffoli soumettent au supplice de Tantale le pauvre chien sur lequel ils veulent produire la rage. Ils font plus, ils l'enferment de manière à ce qu'il voie et sente une chienne en folie, qu'il ne puisse se soustraire au spectacle immoral et énervant de l'acte vénérien satisfait, successivement, par des rivaux en liberté. N'est-ce pas là le dernier mot du raffinement le plus cruel et le plus barbare? Quel être animé pourrait résister à des épreuves de ce genre et quelles conclusions est-il permis d'en tirer pour l'élucidation de l'étiologie de la rage spontanée? La science proteste contre cette formule imitée d'une politique heureuse (la force prime le droit); elle doit proscrire la contrainte si elle conduit au mensonge. Pour moi, sans nier absolument les résultats constatés par Toffoli et Grève, je déclare illogiques et fausses leurs conclusions appliquées à la solution étiologique de la rage spontanée du chien.

Ces procédés de la physiologie contemporaine ne sauraient favoriser le progrès scientifique. Nous avons vu, à l'occasion de la tuberculose, des méthodes d'expérimentation moins ingénieuses que cruelles, aboutir à des conclusions prématurées, qui devaient fatalement conduire à la perturbation de l'hygiène alimentaire de l'homme. Nous avons vu, à l'occasion de questions de pathologie pure, des expérimentateurs arriver à des résultats contre lesquels protestent l'histoire, la science, la pratique et la raison.

Ce n'est pas ainsi qu'on élève le temple immortel de la vérité. On mine le sol, on généralise le doute et l'on arrive peu à peu aux soubresauts révolutionnaires qui font litière du passé et remettent tout en question en matière de science.

Quant aux observations de Toffoli et de Grève, et aux

expériences cruelles de leurs imitateurs, il serait imprudent d'en tirer des conséquences applicables à ce qui se passe dans la vie ordinaire, ou dans les conditions que la civilisation et l'hygiène publique ont faites aux chiens. Chaque jour nous révèle des faits nouveaux, d'où dérivent le progrès et des connaissances utiles. Défions-nous des surprises que nous réservent les hommes avides de renommée, sous le prétexte spécieux de servir la science et le bien public.

Dans cette question d'étiologie de la rage spontanée sous l'influence unique de la cause signalée par M. Duluc, une phase du sujet est restée voilée. Elle n'a été abordée par personne. Les expérimentateurs et les observateurs ont relevé les faits qui militent en faveur; aucun n'a relevé les observations contraires. Cependant ce dernier ordre de documents doit entrer en ligne de compte. L'impartialité aussi bien que le sentiment de la vérité commandent de rechercher si la cause indiquée produit toujours et invariablement la rage spontanée. J'ai recueilli, de 1868 à 1871, un certain nombre de faits prouvant l'opinion contraire. J'en ai signalé (décembre 1873) onze à M. H. Bouley. Depuis 1871, j'en ai recueilli d'autres et je viens d'en observer un, tout récemment, sur un chien de montagne. C'est un gros chien, âgé de deux ans, qui a vécu pendant dix jours à côté d'une chienne bouledogue en folie, et qui a été témoin de deux saillies, qui lui ont été faites par un autre chien, pendant la durée de son rut. Cet animal est consacré à la garde d'un petit domaine sur le boulevard. Il était le plus souvent attaché pendant le jour et libre pendant la nuit. Je l'ai observé avec intérêt. Il était évidemment en proie aux désirs génésiques exaltés; il le témoignait par l'oubli de manger, par des gémissements et des appels amoureux permanents, les plus tendres. De son côté, sa compagne, renfermée dans la maison, ne quittait pas une croisée à travers les barreaux de laquelle elle pouvait suivre son voisin de ses regards les plus provoquants. Ce chien n'a pas été malade, et il a supporté le choc de sa passion contrariée sans devenir enragé.

Dans ma communication à M. Bouley, je me suis exprimé ainsi :

« Dans votre chronique du numéro de décembre 1873, vous rapportez trois faits observés par M. Constantin, à l'appui de l'influence des surexcitations génésiques non satisfaites, sur le développement de la rage spontanée du chien. Vous exprimez des doutes motivés sur cette cause. Je partage votre sentiment. J'ai recueilli, dans le courant des trois dernières années, quelques observations analogues à celles de M. Constantin, mais ayant déterminé des résultats bien différents. Des mâles de chiens courants et d'arrêts, adultes, attachés à une petite distance de chiennes en rut, sont demeurés, pendant une moyenne de cinq jours, en proie à des désirs génésiques permanents non satisfaits. Cinq de ces animaux les plus salaces ont présenté, dans le courant du dernier jour, des symptômes graves d'hémiplégie. Les autres n'ont présenté aucun symptôme de maladie.

» Deux des hémiplégiques surveillés ont été surpris se livrant à ce qu'on appelle *les habitudes solitaires*. Ils ont été vertement corrigés et on les a soumis au traitement hydrothérapique. Ils ont recouvré une santé parfaite après huit jours de soins; les autres sont morts de paralysie, etc., etc. »

Depuis cette communication, j'ai observé un fait de rage mue sur un chien vivant auprès de sa compagne en folie. Les deux animaux étaient promenés à certaines heures; ils étaient attachés, ensuite, à quelques mètres l'un de l'autre. La manifestation de la rage fut postérieure à la ménopause. Je croyais avoir observé un fait identique à ceux de MM. Constantin et Fitte; mais le propriétaire du chien m'affirma que son animal avait été mordu trois mois avant à la chasse. L'observation se heurte souvent à de pareilles embûches. Heureux quand on peut les découvrir à propos.

La cause dont il s'agit, qui, dans certaines conditions de contrainte et de tempérament, peut ébranler si profondément les fonctions cérébro-spinales, peut donc quelquefois déterminer la rage spontanée. Mais l'affirmation qu'elle doit la déterminer *invariablement* et *infailliblement,* quels que soient le milieu et les circonstances, me paraît aussi téméraire qu'elle est hasardée.

M. Dulue a donc conclu sur cette première question un peu trop vite et sur un trop petit nombre de faits. Il faut avoir étudié à fond, et sous tous les aspects, l'admirable organisme du chien au point de vue de ses aptitudes multiples, de son intelligence, de son génie imitateur des actes et des habitudes de son maître, pour pouvoir apprécier la somme de ressources dont il dispose, au besoin, pour satisfaire toutes ses passions. La passion de Vénus, contrariée, est celle qui impose à son intelligence les efforts les plus considérables. Mes observations m'ont conduit à constater, dans l'espèce, la pratique de tous les vices révélés dans l'histoire du libertinage. La masturbation est l'habitude la plus fréquente et la plus commune. Il faut bien surveiller le coupable pour le surprendre en flagrant délit. Le chien le moins ardent ne peut résister aux effluves que répand autour d'elle la chienne en folie. La sensation qu'elle lui cause est profonde. S'il est enchaîné, il se livre aux mouvements les plus désordonnés. Sa voix pleure et attendrit le plus souvent ceux qui l'entendent et qui l'aiment. Il se débat tant... qu'il finit par trouver, quand il ne l'a pratiqué déjà, le moyen d'obéir à la nature, et de satisfaire artificiellement le besoin passionné qui le domine. Tous les animaux sont aussi ingénieux, aussi criminels, si vous le voulez, que le chien dévoré d'amour. Le beuglement de la vache met le taureau en délire. Ne pouvant briser sa chaîne, ni comprimer ses désirs, il se livre tout entier à la satisfaction artificielle du plaisir de Vénus. Le mâle de la jument est aussi peu maître de ses sens que le taureau et il trouve les procédés artificiels, si fort de son goût, qu'il y sacrifie trop... le plus souvent au détriment de l'espèce.

Mais le chien seul a la pudeur de cette infraction aux lois naturelles. Il évite les regards de l'homme lorsqu'il veut s'amuser seul; il s'isole, moins par chasteté peut-être, que pour se livrer tout entier à son crime. Disons, en passant, à sa confusion, que sa conduite, lorsqu'il jouit de toute sa liberté, n'est pas de nature à le réhabiliter aux yeux de ses amis, que choque, au delà de toute expression, le hideux spectacle de ses amours publics.

Le vice honteux du plaisir solitaire aggrave certainement la situation physique du chien et le dispose aux *névroses de la masturbation,* si fréquentes autrefois dans l'espèce humaine. La faculté de s'y livrer, toutes les fois qu'il le veut, doit atténuer la portée que voudraient donner à l'étiologie qui nous occupe M. Duluc et quelques autres savants, partisans comme lui de la rage spontanée par les privations et les excès des actes vénériens.

Pour résoudre une question de cette importance, qui

a inspiré de si singulières idées au correspondant anonyme d'un journal de médecine ([1]), il faut d'autres arguments que les expériences de Toffoli et de Grève, d'autres preuves que les faits connus. Il faut recueillir d'autres observations en dehors de toute contrainte, de toute pression ; soit qu'elle vienne de la domesticité, du droit que s'est arrogé l'homme de traiter le chien comme un vil esclave, comme une machine à expériences de physiologie, au lieu de le considérer comme un auxiliaire, comme un ami. Il faut qu'elles ne puissent pas être entachées par les conditions imposées aux animaux dans une infirmerie, dans un hôpital ou dans des niches spéciales. Il faut des renseignements antérieurs qui ne laissent pas planer le plus léger doute sur le fait du sujet lui-même. Ne nous hâtons pas, donc, de conclure sur l'étiologie de la rage spontanée du chien. Étudions, observons et sachons attendre.

§ IV.

Observations. — *Deuxième catégorie.*

J'ai eu l'honneur de vous le dire, je ne veux pas aborder toutes les conclusions formulées dans le Mémoire de M. Duluc. J'ai combattu la première à laquelle M. Levieux avait donné une adhésion absolue. La seconde ne saurait échapper à mon examen, à ma juste critique. Elle a frappé tous les hommes qui s'occupaient de rage ou de médecine comparée, par son originalité et par sa hardiesse. M. Duluc l'a formulée ainsi : « La rage n'est pas transmissible à l'homme par les morsures du chien enragé. » MM. Levieux, Demons, Armaingaud ont fait

([1]) Castration générale des mâles.

justice de cette injustifiable assertion. Il me resterait fort peu de chose à dire, si je n'avais le devoir de répondre avec sincérité aux interrogations que m'adresse l'honorable M. Duluc et d'affirmer la véracité des faits et des observations qu'il a cités, dans lesquels j'ai été invité à jouer un rôle.

A l'appui de sa thèse, M. Duluc rapporte vingt-deux observations très circonstanciées, auxquelles ne manque aucun des caractères de véracité exigés par la critique la plus rigoureuse. Quant aux faits auxquels M. Duluc fait allusion et que mes souvenirs peuvent attester, ils sont de la plus extrême exactitude. Dans trois ou quatre circonstances, je me suis trouvé avec M. Duluc pour constater l'état de *rage confirmée* de plusieurs animaux de l'espèce canine ayant mordu des femmes, des hommes et des animaux. J'ai constaté que les femmes et les hommes avaient échappé à l'inoculation et que quelques-uns des animaux mordus avaient échappé à la rage. Non seulement je me rappelle ces faits, mais je pourrais ajouter au contingent d'observations présentées par M. Duluc un nombre bien supérieur d'observations, tout à fait identiques, que j'ai recueillies depuis trente ans. Je puis le dire, sans indiscrétion dans cette enceinte, je connais, dans ma clientèle du département, plus de cinquante personnes, des deux sexes, qui ont été mordues par des chiens enragés dans les régions du corps les plus découvertes, les mains et le visage, qui ont échappé à l'inoculation. L'une des dernières observations de ce genre que je puis rappeler a été recueillie le 28 février 1872. Dans le cinquième arrondissement de la ville de Bordeaux, rue Mériadeck, trois personnes furent mordues, l'une cruellement à la main par un bouledogue, les autres au visage. Je visitai l'animal; je constatai qu'il était enragé. J'adressai un rapport officiel au commissaire de police du cinquième arrondissement qui m'avait requis. Je prescrivis la séquestration et l'abattage immédiat du chien. Pendant ces constatations et la remise de mon rapport, l'animal échappa de la maison et fit de nouvelles victimes. Le lendemain, ce chien put encore briser ses liens et mordre tout ce qui se trouvait sur son passage. Un sergent de ville le tua d'un coup d'épée. J'en fis l'autopsie. Elle confirma mon premier diagnostic. A la suite de cet accident, l'Administration fit abattre un grand nombre de chiens mordus. Aucune des victimes humaines des morsures de ce bouledogue n'est devenue enragée; et, cependant, aucune d'elles n'a ignoré la vraie maladie du chien. Leurs blessures ont été lavées avec de l'eau chlorurée, puis cautérisées avec de l'azotate d'argent. L'homme et les deux femmes ont été soumis à un traitement médical : bains de vapeur et purgation. Elles ont eu grand'peur, cela est vrai, mais elles n'ont pas eu la rage.

Ainsi, dans ma pratique, j'ai pu, comme mon honorable confrère, me poser le problème qu'il a si courageusement résolu. J'ai vu souvent des tableaux comme celui que je viens de faire passer sous vos yeux. J'ai vu, avec effroi, des familles entières victimes de leur affection pour le chien, n'ayant aucune conscience du péril qui les menaçait, résister aux efforts que m'inspirait le dévouement autant que le devoir, pour soustraire le chien enragé à leurs dernières caresses. Je me suis fait bien souvent le complice de l'ignorance; j'ai couru, plus d'une fois, des dangers réels afin d'éloigner, avec plus de certitude, de l'esprit des personnes mordues par des chiens enragés, la menace que ce grave accident faisait planer sur elles. Hélas! moins heureux que M. Duluc, le succès n'a pas toujours couronné mes efforts ni secondé mes mensonges. J'ai constaté, malheureusement plusieurs fois, l'inévitable conséquence de l'inoculation rabique et vu mourir, dans les tourments et dans les angoisses que vous connaissez, des hommes, des femmes et des enfants. Voilà pourquoi, sans doute, malgré les faits identiques, je ne puis donner mon adhésion à la formule de M. Duluc.

Mais je n'en ai pas moins tenu une note bien rigoureuse des caractères d'incertitude que présente l'acte d'inoculation rabique, soit à l'homme, soit aux animaux, par la morsure du chien. C'est ce caractère, constaté si souvent par moi et si énergiquement affirmé dans les observations de M. Duluc, qui m'a conduit à un examen permanent, bien souvent renouvelé, de l'évolution de la rage et des phases physiologiques et pathologiques par lesquelles pouvait passer le chien enragé. Cet examen m'a permis de hasarder une interprétation, qui donne seule, aujourd'hui, la clef des bizarres résultats qui ont si complètement égaré le jugement de mon distingué confrère. L'idée d'une évolution de la rage avec des intermittences, le fait de la rémission entre les accès, du retour momentané, transitoire des fonctions cérébro-spinales du chien à un état à peu près physiologique, pendant la durée des premières périodes de l'affection; la supposition de l'épuisement du virus, tout cela n'est pas un roman; c'est l'observation prise sur le fait, c'est le résultat de la logique devant les lacunes de la science; c'est la conséquence des efforts du bon sens devant les abîmes des fausses théories et des doctrines inacceptables, comme celles que nous discutons aujourd'hui.

Oui, les faits m'ont démontré, de la manière la plus

incontestable, qu'il y a, dans l'évolution et dans les différentes phases de la rage du chien, un état symptomatiquement appréciable, pendant la durée duquel l'affection cessait d'être contagieuse; pendant la durée duquel le chien pouvait mordre sans qu'il inoculât le virus mortel à ses victimes. L'avenir expliquera mieux que je n'ai pu le faire, si cet état mérite d'être désigné sous le nom de rémission des accès, d'intermittence pyrétique, d'épuisement du virus. Le mot importe peu au fait. Mais *ce fait* que M. Duluc conteste dans une de ses conclusions, je trouve la preuve et la confirmation de son existence dans chacune de ses vingt-deux observations. Elles prêtent l'appui le plus éloquent à mon interprétation. Si les hommes et les femmes mordus par des chiens enragés ont échappé à l'inoculation du virus rabique, c'est qu'il n'y avait pas de virus dans la gueule du chien au moment de la morsure. Il était épuisé, ou il n'a pas pénétré en suffisante quantité, ou assez profondément dans la plaie. C'est à l'une de ces trois hypothèses qu'il faut se rallier pour donner une explication satisfaisante, à la place de la conclusion de M. Duluc. Mais si nous interrogeons les faits avec impartialité, nous acquérons la certitude que, dans les observations de M. Duluc, les morsures ont toujours présenté le caractère de gravité, profondeur, élection de la partie mordue, qui ne permet pas d'expliquer la non-inoculation par les deux hypothèses d'insuffisance de virus ou de plaie insignifiante. Dans les faits qui me sont personnels, j'ai écarté, avec le plus grand soin, tous les cas où la dent du chien n'avait pas pénétré directement et profondément la chair de l'homme. Il faut procéder ainsi pour demeurer dans la vérité de l'observation.

Sans doute, et cela se rencontre heureusement quatre-vingt-dix fois sur cent, la morsure du chien est insuffisante, l'épiderme est à peine déchiré, la dent a traversé un tissu de laine et y a déposé le virus, la plaie a saigné abondamment et le sang a entraîné l'élément contagieux! Les lavages médicamenteux et les cautérisations ont produit le même résultat! Voilà ce qui peut expliquer raisonnablement le petit nombre d'inoculations effectives, par rapport au grand nombre des hommes et des animaux mordus. Mais, en dehors de ces cas heureux, il y a les morsures non soignées, qui présentent tous les caractères irrécusables de gravité, qui ne sont pas effectives. Cherchons-en ardemment l'explication. Si l'observation n'a pas dit son dernier mot, il faut le lui arracher; il faut qu'elle laisse échapper le mystérieux « Sézame, ouvre-toi! »

Je ne veux pas plaider ici en faveur de mes idées; ce ne sont peut-être que des idées. Ce que je demande, c'est que les vétérinaires étudient la rage comme une entité pathologique nouvelle; ce que je désire, c'est que les médecins rivalisent de zèle avec nous et qu'ils jettent l'éclat de leur savoir dans ce champ stérile et muet.

§ V.

Il me reste à présenter quelques explications aux savants qui ont émis des doutes sur la valeur constante de l'état particulier de la vessie, que j'ai signalé dans la discussion de 1872 sur la rage, comme une lésion pathognomonique de cette affection. J'ai dit, dans votre séance du 5 avril, répondant à MM. Moussous et Lande, que l'opinion, généralement accréditée, *que l'autopsie de l'animal enragé était muette et ne révélait aucune lésion*, devait être révisée. En dehors de celles qui ont été signalées par les auteurs, j'ai décrit un état spécial de la vessie qu'on ne trouvait que dans la nécropsie des animaux enragés. J'ai signalé aussi un symptôme spécial durant la maladie. J'ai dit que la lésion anatomique présentait une valeur qui avait échappé jusqu'à présent aux observateurs. Je n'ai pas eu l'intention de dire qu'on ne l'avait pas signalée avant moi. J'aurais fait preuve d'ignorance, car Renault, Lafosse et d'autres l'ont observée et signalée. Mais aucun de ces observateurs ne l'a appréciée que comme un état anatomique secondaire. M. Bouley ne lui attribue qu'une valeur relative; il dit ne l'avoir pas constamment trouvée dans les autopsies qu'il a faites et plusieurs vétérinaires partagent l'avis de M. Bouley. Il est vrai que la crispation de la vessie, telle que je l'ai indiquée, dure comme un petit caillou et ramenée en arrière, n'est pas constante. On ne la trouve pas, en effet, dans les animaux tués au début de l'affection; on la rencontre toujours dans les animaux qui meurent de la rage. Voilà la cause, sans doute, des divergences que M. Bouley accentue dans ses chroniques du recueil vétérinaire, avec le désir d'élucider à fond ce point d'anatomie pathologique.

Il n'est pas douteux que, dans une maladie aussi rapide dans ses évolutions, aussi extraordinaire dans ses manifestations, le tableau des lésions qu'on rencontre à l'autopsie soit variable. Indépendamment de tout ce qui peut exercer une influence sur les phases, la durée et le caractère des accès, on ne peut nier qu'en faisant l'autopsie des chiens enragés, on n'obtienne des tableaux différents quant aux lésions anatomiques, suivant que les animaux ont été tués ou qu'ils sont morts; suivant la période de la rage; suivant que la rage a été simple ou compliquée; suivant même l'état propre des sujets.

J'ai essayé d'établir une série de ces tableaux nécroscopiques, correspondant aux diverses conditions dans lesquelles les praticiens sont appelés à faire des rapports officiels, c'est-à-dire du premier jour et de la première manifestation jusqu'à la dernière heure de la maladie, en tenant compte des circonstances antérieures et étrangères qui peuvent gêner l'observateur. Je ne suis pas assez sûr d'avoir fait une besogne irréprochable pour vous la présenter en ce moment. Je ne suis amené à vous en parler que pour rendre à M. Duluc la justice que l'*état de la vessie* ne lui avait pas échappé et que, dans les autopsies que j'ai pu faire avec lui, nous en avons tenu tous deux un compte égal, lui accordant une valeur diagnostique prépondérante.

Je termine, Messieurs, par un dernier mot sur les deux conclusions formulées par M. Duluc, contre lesquelles j'ai protesté en m'appuyant sur des faits. Je reproche à la première, sur les causes de la spontanéité de la rage, d'être vague et déduite d'un petit nombre d'observations d'un caractère que n'admet pas d'ordinaire l'école positiviste. L'observateur ne doit jamais affirmer sur les affirmations d'un autre. Il doit voir tout par lui-même.

Je crois que M. Duluc est dans le vrai, en faisant une part large aux excès du libertinage comme cause des manifestations de la rage; mais je l'engage à recueillir des faits nouveaux que n'entache pas l'ombre d'une incertitude. Je l'engage aussi à tenir compte des faits contraires, observés en dehors de nos procédés physiologiques modernes, et de tout ce qui pourrait rappeler les expériences de Toffoli et de Grève.

Les conclusions accessoires que *la rage spontanée ne saurait être inoculée par la morsure d'un chien sain,* échappent à toute critique. Elles sont sans valeur dans le débat. C'est une simple appréciation.

Quant aux affirmations de M. Duluc sur la non-contagion de la rage à l'homme par les morsures du chien enragé, je vous demande de les condamner, en réservant les circonstances atténuantes. La formule radicale par laquelle M. Duluc a donné une si grande originalité à son mémoire, a dû échapper à son esprit prime-sautier, comme cela arrive lorsqu'on est obsédé par les apparences et les illusions inséparables des idées longuement préconçues. Je crois que mon honorable confrère n'a pas pesé rigoureusement tous les termes de sa formule immuable. Pour lui, le moyen d'en appeler des idées vieilles à de nouvelles études, c'était de frapper les esprits. Sous ce rapport, il n'a que trop réussi. Il faut donc lui tenir compte de son arrière-pensée. L'observation, nous devons en convenir, n'exclut pas absolument le fond de l'idée. M. Duluc aurait eu certainement raison s'il s'était borné à dire : voilà ce que j'ai observé. Et si, au lieu de conclure comme il l'a fait, il vous avait dit ce que j'ai eu l'honneur de vous dire en janvier 1873 : « Il y a une heure, dans la rage du chien, où sa dent n'est pas mortelle. Il doit s'écouler un espace de temps, dans la durée plus ou moins longue de cette maladie, où l'homme peut être victime de l'aberration physiologique de son meilleur ami et être mordu par lui, sans que la rage lui soit inoculée. Il y a enfin, dans les accidents que présente l'observation du chien enragé, des phénomènes si extraordinaires, si étranges, qu'ils bouleversent toutes les notions acquises. » Si M. Duluc vous avait dit cela, il serait demeuré fidèle à l'observation, sans heurter les idées reçues. La théorie que renferment ces hypothèses, déduite rigoureusement d'une grande quantité de faits, pourrait excuser, sinon justifier, les erreurs que nous relevons dans les conclusions de M. Duluc.

Y a-t-il vraiment un moment dans la rage du chien, où, sans cesser d'être malade, il peut mordre sans inoculer la rage? Y a-t-il un moment, une phase, une intermittence dans la rage comme dans certaines névroses, dans quelques pyrexies, pendant laquelle réapparaît la normalité physiologique? Essayons de résoudre ces problèmes, essayons de déterminer quelle est cette heure, à quels caractères on peut la reconnaître, combien de temps peut durer l'immunité qui la caractérise? Quelle est la clef mystérieuse des étranges contradictions qui nous ont frappés et qui nous intéressent à un si haut degré? Si nous pouvons réussir, tous ensemble, à résoudre cette inconnue, nous aurons bien servi la science; et M. Duluc y aura puissamment contribué, malgré ses jugements un peu téméraires, ses conclusions précipitées et l'affirmation trop absolue de ses idées.

Extrait des *Mémoires et Bulletins de la Société de Médecine et de Chirurgie de Bordeaux.* — 1er Fascicule. — Année 1874.

Bordeaux. — Imp. [illegible], rue [illegible], 11.

www.ingramcontent.com/pod-product-compliance
Ingram Content Group UK Ltd.
Pitfield, Milton Keynes, MK11 3LW, UK
UKHW022152260726
13993UKWH00005B/2323